LETTRE D'UN RURAL

Aux Agriculteurs Normands

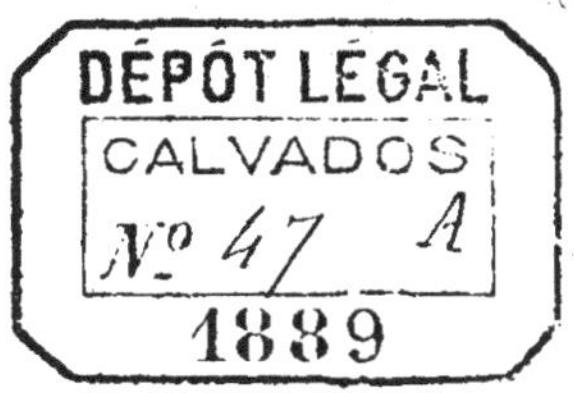

BOULANGER

LE

CATILINA FRANÇAIS

*Quousque tandem abutere, Catilina,
patientia nostra ?*

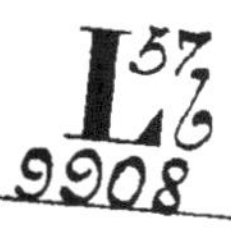

LETTRE D'UN RURAL

Aux Agriculteurs Normands

BOULANGER

LE

CATILINA FRANÇAIS

Quousque tandem abutere, Catilina,
patientia nostra ?

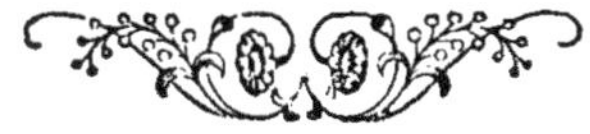

Est-ce bien sérieux, tiens-tu vraiment à savoir ce que je pense du général Boulanger, de ses projets, de ses promesses, de sa révision, de sa république honnnête et d'autres merveilles, propres à leurrer les naïfs et les badauds, pour la plus grande joie des ennemis de nos institutions républicaines ?

Hué par le Sénat, conspué à Pontoise, le boulangisme en déroute voit venir les mauvais jours. S'il manque sa revanche le 27 janvier, le krach sera complet.

A Paris, les courtisans du brav' général ne se font pas faute de rire de lui en petit comité. Ils le considèrent à peu près comme un panache éclatant qu'on aperçoit de loin. C'est leur drapeau de ralliement pour marcher à l'assaut des libertés publiques. Si l'affaire réussit, on lui donnera un os respectable à ronger et tout sera dit. Ils le croient.

Écoute plutôt ce que dit du général M. de Cassagnac : « Nous voulons qu'il nous serve à bousculer, à renverser un système politique odieux, qu'avec nos seuls efforts nous sommes impuissants à mettre par terre. C'est un instrument, c'est un outil, c'est un engin. Et on ne négocie pas avec un bélior, une catapulte. On se borne à les utiliser comme on peut, et à essayer de passer par la brèche qu'ils ont ouverte et qu'on n'aurait pas pu faire soi-même. »

Ils se trompent. Si la province se met en tête de porter ce fantoche au pouvoir, il sera leur maître. Ils le prennent pour dupe, et ils seront trop heureux de lécher ses bottes pour obtenir de lui la manne qu'ils convoitent.

Mais la province est trop sensée pour faire les honneurs du pavois au brav' général. Elle sait à quoi s'en tenir sur sa sincérité, et apprécie comme il faut les palinodies de l'ex-chef du 13ᵉ corps, de ce soldat révolté, « de ce politicien ondoyant, prêt à conclure les alliances les plus louches » pour assurer le succès de sa criminelle entreprise.

Aurais-tu, par hasard, la fantaisie de le prendre au sérieux? Rien ne m'étonnerait davantage : un vrai Normand, d'habitude, ne pèche pas par excès de crédulité.

Un avocat, jaloux d'obtenir ta confiance et de plaider une cause retentissante, se garde bien de t'avouer qu'elle ne vaut rien, qu'il la perdra probablement. S'il a un réel souci de tes intérêts, il tient aussi beaucoup à mettre en vue sa personnalité, à édifier sa fortune.

Or, tu es en délicatesses avec la République. Boulanger le sait bien ; et, quoiqu'il se moque de toi et de tous les agriculteurs de France et de Navarre, il te gratte où cela te démange : ai-je besoin de te montrer un piège si grossier ?

N'importe, tu le veux, je saisis l'occasion. Aussi bien,

le général commence à m'exciter la bile ; et, si mes avis te sont inutiles, ils serviront à d'autres. Ouvre l'œil et les oreilles ; tant pis pour toi si tu te scandalises : nous sommes entre hommes, la vérité toute nue ne doit pas te faire peur.

Tu dis donc que Boulanger te promet une république honnête, une administration économe, une paix glorieuse, la révision de la Constitution et d'autres réformes aussi alléchantes, qui ne lui coûtent qu'un peu de salive ; encore sera-t-elle placée à gros intérêts, si tu te laisses prendre à l'amorce.

Raisonnons. Je suppose que tu aies besoin d'un homme de confiance qui conduise tes laboureurs et surveille ton exploitation, quand tu vas à la ville : le prendras-tu sur parole, sans connaître ses mœurs, son caractère, ses talents ? Non, tu t'informes ; si les renseignements laissent à désirer, tu refuses ta confiance.

Applique le procédé au général :

Soldat, il a renié son chef, le duc d'Aumale ;

Ministre, il a expulsé son bienfaiteur ;

Général, il s'est fait destituer pour indiscipline ;

Député, il agite son pays ;

Citoyen, il organise l'émeute ;

Père, il donne son immoralité en spectacle à sa fille ;

Époux, il divorce.

Voilà l'homme.

Son nom est une menace de guerre civile.

Sa République sera faite à son image : comment serait-elle honnête ?

Mais il a des coopérateurs, un parti. Les voici :

C'est un Déroulède, don Quichotte troubadour, grand pourfendeur de Teutons du boulevard, ambitieux déçu qui cherche une revanche, faux patriote, prêt à jouer sur un coup de dé la fortune de son pays, un névrosé, qui menaçait Grévy de le jeter à la porte de l'Élysée et, trois jours après, le suppliait de rester ;

Un Laguerre, clérical passé aux Francs-Maçons, un jeune corrompu sans moralité ni scrupules, avocat des causes véreuses, et divorcé ;

Un Naquet, qui a dit du mariage : « Il faut lui préférer le concubinage ou l'union libre. Le mariage existant, la prostitution fait plus de bien que de mal », juif et divorcé ;

Un Vergoin, l'ex-amant de Mlle de Sombreuil, et divorcé ;

Un Rochefort, l'insulteur de toute autorité ;

Un Susini, l'ami du communard Félix Pyat ;

Un Dugué de la Fauconnerie, caméléon politique, décavé à la recherche d'une position sociale, et qui paraît l'avoir trouvée, pas par le travail, assurément ;

Et derrière eux : les camelots, les souteneurs, tous ceux qui sont nés dans la corruption et vivent dans la fange ;

puis les ratés, les déclassés, les incompris, qui accusent l'injustice du sort ; à distance, des monarchistes découragés, des bonapartistes impatients, tous gens qu'aiguillonne l'envie de traire la grosse vache à lait du budget de l'État.

Voilà l'armée de Boulanger.

Je ne parle pas des républicains sincères, égarés ou mécontents. Ils sont rares. La plupart ont ouvert les yeux et fait leur *meâ culpâ*.

Ainsi donc, un homme incarne tous ces appétits, c'est Boulanger, l'impudent banqueteur du café Riche. Vois-tu là les éléments d'une république honnête, je te le demande !

Je le sais, des amis, moins scrupuleux que toi, te disent: « Eh ! qu'est-ce que cela peut nous faire que Boulanger trompe sa femme et trahisse des amis compromettants, pourvu qu'il mette l'ordre et l'économie dans le budget, nous rende la sécurité au dedans, à l'extérieur une paix honorable, et allège les maux dont nous souffrons ? »

« Il conspire, dites-vous, trouble la rue, agite le pays ? Est-ce en se promenant la canne à la main, comme un bourgeois tranquille et satisfait, qu'il renversera ce gouvernement pourri, sans autorité ni prestige, dont les gaspillages nous ruinent ? La vie privée du général ne nous regarde pas, et nous sommes trop intéressés à son succès pour montrer un rigorisme sévère envers l'homme public. En politique, pour atteindre sûrement son but, il ne faut pas regarder de trop près aux moyens. »

L'air est connu. Napoléon III s'en est servi pour justifier ses assassinats du 2 décembre : « Je suis sorti de la légalité pour rentrer dans le droit. » Sinistres paroles qu'un boulangiste, redoutant une résolution énergique de M. Floquet, a spirituellement parodiées, en faisant dire à M. Carnot : « Je ne veux pas sortir de la légalité pour rentrer dans le crime. »

Avec de pareilles théories, on justifie tous les attentats. D'ailleurs, que gagnerais-tu, dis-moi, à celui que médite le général Boulanger ? L'énormité du budget t'inquiète, tu veux des économies ; pourra-t-il en faire ? Examinons.

Tu connais comme moi les charges écrasantes que nous devons aux folies de l'Empire, les désastres, les périls et les devoirs qui sont résultés de la dernière guerre ; tu n'ignores pas que nous avons eu une armée à réorganiser, des frontières à fermer, des arsenaux à remplir, des ruines à réparer, une rançon, une dette immense à payer : consens-tu à perdre ta créance sur le Grand-Livre de la dette publique ? Assurément non. Crois-tu prudent, ou même possible, de laisser nos ports sans défense, la frontière ouverte et nos arsenaux vides ? Non. Es-tu disposé à supprimer le budget de l'Instruction publique et le budget des Cultes ? Je ne crois pas. Veux-tu te passer des canaux, des routes, des chemins de fer qui doivent t'ouvrir de nouveaux débouchés ? C'est bien douteux. Consens-tu, du moins, à te priver des subventions que l'État distribue, chaque année, pour encourager ton industrie ? Pas davantage. On donne trop aux autres ; pour toi, l'État ne fait jamais assez. Comment veux-tu que la République soit économe ? Boulanger aura-t-il le don des miracles ?

. Sans ressources personnelles, il dépense, sans compter, des millions: où les prend-il ? Le général a répondu en jouant la comédie connue de l'interview : un reporter américain — choix excellent pour n'être pas démenti ! —l'a, paraît-il, interrogé sur la provenance des capitaux dont il dispose ; et, d'un geste, le général a montré à l'indiscret yankee son courrier du jour, tout constellé de cachets flamboyants, venus des quatre points cardinaux de la France.

A d'autres, général. Chez nous, la politique ouvre bien les bourses, mais c'est pour les remplir.

T'imagines-tu que d'aimables banquiers lui prêtent des fonds à 5 %, avec la petite commission d'usage pour toute garantie ? Évidemment non. Les capitaux qu'il emprunte, il ne pourra les rendre, probablement : ses prêteurs le savent bien. Mais, qu'il réussisse, il remboursera au centuple, et c'est le budget qui supportera la dépense.

Si des capitalistes courent le gros risque d'ouvrir leurs caisses à Boulanger, sois sûr qu'ils en attendent de magnifiques dividendes, de grasses commissions et d'abondantes faveurs. Cela, d'ailleurs, ne lui coûtera rien : n'est-ce pas toi qui paieras !

Chirac, un socialiste théoricien et convaincu, dit à propos du général : « Si le capital le soutient, c'est que le capital veut se servir de lui, et si le capital se sert de lui, c'est fini ; dans une autre série de massacres, il sera ou

Cavaignac, ou Thiers, ou Bonaparte le décembriste, ou Gallifet le boucher; il sera tout, enfin, excepté un bienfaiteur. »

Et plus loin, il ajoute : « Il y a trop d'argent autour de Georges Boulanger : il est visible désormais qu'il est l'objet d'une commandite, l'instrument d'une spéculation. Peu à peu, la juiverie l'entoure ostensiblement. »

Quand les corbeaux Juifs exigeront leur *betit* argent, grossi des intérêts à 1000 o/o selon leur usage, quand Boulanger ne pourra plus différer de satisfaire l'avidité de tous ceux qui escomptent sa fortune, le Trésor Public deviendra une immense tombola, où chacun ira, sa cédule à la main, réclamer le gros lot. La curée sera terrible, et Léo Taxil fera recette avec ce titre : « La curée sous la république boulangiste. »

Il y a trop de fonctionnaires ; on en supprimerait un tiers sans que les affaires marchassent beaucoup plus mal. Et tu crois que Boulanger te donnera cette satisfaction ? Réfléchis, moins que personne, il peut te la donner.

N'aura-t-il pas à récompenser à la fois les monarchistes, exaspérés par les rigueurs d'un long jeûne, les bonapartistes, dont tout le monde connaît le vorace appétit, et tous les courtisans du nouveau régime, faméliques qui s'attacheront à ses trousses, en réclamant leur part du banquet. Ce sera un repas pantagruélique, dont tu feras tous les frais.

Drumont, favorable au général, nous fait cette lumineuse confidence: « Beaucoup de mes amis m'ont tourmenté pour que j'aille voir le général ; mais j'ai craint d'avoir l'air de venir demander une place, et l'entourage, d'ailleurs, n'est pas attirant. »

Est-ce clair ?

Mon cher, les cœurs d'élite qui, *gratis pro Deo*, se dévouent au salut d'un peuple, à la fortune d'un homme, sont si rares qu'on en pourrait à peine citer un bien authentique.

Mon Dieu oui, on fait sonner très haut son amour pour la Patrie ; on déplore ses malheurs, les divisions qui la déchirent ; on blâme les abus, on flétrit la corruption ; on accuse le pouvoir, les serviteurs de l'État ; on leur reproche de livrer les caisses publiques à leurs créatures, de corrompre la jeunesse, de persécuter la religion, d'opprimer les faibles, de s'incliner bassement devant les forts, de compromettre l'honneur du drapeau et de livrer la France à l'Étranger : tu écoutes ces grandes phrases indignées et sonores, et tu te dis : « Voilà de grands patriotes ! » Tu déplores que des hommes animés d'aussi nobles sentiments ne puissent se mettre d'accord : « Quel malheur que les uns ne veuillent sauver la France qu'avec Philippe VII, les autres qu'avec Napoléon V, d'autres qu'avec Boulanger ! » S'en soucient-ils seulement ! Que veulent-ils au fond ? Nul ne l'ignore : ils veulent émarger au ministère des Finances ; ils veulent être ministres, ambassadeurs, résidents, receveurs généraux, préfets, procureurs généraux, conseillers à la Cour, consuls, sous-préfets, procureurs, substituts, percepteurs. Jusqu'à l'humble poste de juge de paix qui trouve des amateurs ! Il en faut pour tous et il n'y en a jamais assez. Voilà le vrai mobile qu'on cache ; vainement, car chacun peut l'apercevoir. Et le public, qui n'ignore pas le prix de tous ces dévouements, feint toujours d'être leur dupe !

Que ces hommes atteignent leur but, c'est-à-dire le pouvoir, tu crois que tout va prendre une face nouvelle ; qu'on va pourchasser les abus, punir les concussionnaires, faire rendre gorge aux voleurs, soulager le peuple et récompenser le mérite ; qu'une ère de justice, d'ordre, de sage liberté va commencer ? Erreur, le char de l'État suit la route accoutumée ; il n'y a rien de changé que les hommes : c'est à recommencer. Eh bien, après quinze ou dix-huit ans, on recommence avec le même succès. Voilà le cours des choses, aveugle qui ne le voit pas.

Non, Boulanger n'allégera pas les charges de l'État. L'a-t-il essayé pendant la discussion du budget ? A-t-il dévoilé, du haut de la tribune, les prévarications de la Commission ? A-t-il du moins signalé les exagérations, les gaspillages du ministère de la guerre, lui qui a pu les voir de près ? Point du tout, il est resté tranquille à son banc : il n'a même pas proposé une économie. Ses amis sont restés muets comme lui.

Alors, que signifient ces accusations violentes et calomnieuses, dont retentissent les réunions, les banquets et les journaux boulangistes, puisqu'on n'ose ni les justifier, ni même les reproduire devant l'assemblée des représentants du peuple ? Ce qu'on veut, c'est inquiéter le pays, surprendre sa bonne foi : on affiche des grands airs de vertu, qui en imposent aux niais ; on se pose en Caton, mais en Caton qui cherche des dupes : veux-tu être du nombre ?

Boulanger a été ministre de la guerre dix-sept mois ; il a eu à sa disposition d'énormes crédits : qu'en a-t-il fait ? S'ils étaient exagérés, où sont les excédents ? Son prédécesseur, le général Campenon, lui avait remis en dépôt deux millions d'économies provenant des fonds secrets. Outre ses crédits, Boulanger a pris 500,000 fr. sur le dépôt. En a-t-il rendu compte ? Jamais.

Mais, pendant son ministère, il a sans doute épuré le personnel, éloigné les intrigants, chassé les manieurs d'argent, les brasseurs d'affaires malpropres. A ce propos, écoute Drumont, dont je résume, pour ton instruction, un chapitre curieux.

Cornélius Herz, juif bavarois, fut d'abord simple potard, et rinça les bocaux chez un pharmacien, place Beauvau. Grâce à la protection du docteur Legrand du Saulle, il devint interne en pharmacie dans un hospice d'aliénés, près de Lyon, et fut congédié pour son incapacité. Après la guerre, il alla exercer la médecine à San-Francisco, sans diplôme. Signalé comme un charlatan, il disparut, revint avec un diplôme du collège de Chicago, faute de clients, se fit directeur de théâtre et, finalement, revint à Paris avec deux millions de dettes.

Là, avec quelles ressources, il serait dangereux de l'approfondir, il subventionna des journaux, soutint des comités électoraux, ruina un entrepreneur de travaux, Dauderny, qui est allé mourir de chagrin à Panama, fit détourner d'une caisse américaine 1.500.000 francs qu'il remboursa en billets, devint le commanditaire et l'inséparable de Clémenceau aux abois, et, après d'aussi glorieux services, obtint la croix de grand officier de la légion d'honneur.

Tel est l'homme qui se rendit à Tunis, et nous ramena Boulanger pour en faire un ministre de la guerre aux ordres de Clémenceau et surtout aux siens. Et, en effet, le docteur Cornélius Herz fut maître absolu au ministère.

Un jour, le général envoya au journal *Le Monde*, qui avait un peu détérioré le Juif, deux officiers supérieurs, le général Richard et le lieutenant-colonel Peigné, qui, par ordre du général, se portèrent garants de la parfaite honorabilité de cet aventurier cosmopolite, soupçonné d'être à la solde de l'Allemagne.

Pendant toute la durée de son ministère, le général Boulanger a souffert ce tripoteur d'affaires, qui déshonore la croix qu'il porte.

Après cela, veux-tu décerner un prix de vertu au général, l'appeler le restaurateur de la morale en France ? *Ab uno disce omnes!*

Donc, Boulanger ne fera pas d'économies : la table sera trop petite pour tous ses invités. Si tu n'as pas de place au banquet, du moins tu fourniras les victuailles. Les convives feront honneur à tes produits, ce dont tu seras évidemment très flatté.

Mais, nous en faisons des économies ! Au dernier budget, la Gauche et la Droite réunies, après d'homériques efforts, ont retranché un million. Oui, un million ! Encore, je n'affirme rien ! Et Boulanger était là !

Soyons graves.

Tu trouves l'Allemagne outrecuidante, le Gouvernement trop conciliant ; tu veux la paix, mais une paix honorable, glorieuse, et Boulanger, qui connaît bien ton faible, te l'a promise, — sans garantie, par exemple. Mais bah, un bon chauvin ne s'inquiète pas pour si peu !

La France les connaît tes paix glorieuses, même elle a payé pas mal de milliards pour ça. Napoléon III avait obtenu le retrait de la candidature Hohenzollern au trône d'Espagne, mais il voulut, lui aussi, une paix glorieuse : « L'Empire, c'est la paix ! » Tu te le rappelles. Donc, il exigea un engagement formel pour l'avenir. Les chauvins exultaient ! L'Allemagne répondit avec 1,500,000 hommes, et l'Empire s'écroula du coup. Nous avons failli périr sous les décombres. Après dix-huit ans, Paris montre encore ses blessures.

Voilà ce que coûtent les paix glorieuses.

Pour réparer ces désastres, cherchons des hommes d'État habiles, éclairés, sages, énergiques, sans peur et sans reproche, et défie-toi d'un soldat brouillon, qui n'a d'autre titre à ta confiance que sa folle ambition. Boulanger déguisé en diplomate pacifique, l'ingénieuse invention pour remplir nos coffres vides, encourager l'agriculture, rassurer le commerce et l'industrie.

Et si le général, persuadé de ses talents militaires, grisé par l'honneur de commander à deux millions d'hommes, avide de respirer les enivrantes fumées de la gloire, de livrer d'héroïques batailles et de conquérir de patriotiques lauriers, allait, au premier incident de frontière, ceindre son panache, enfourcher son cheval noir, et partir en guerre à la conquête de l'Alsace ; si, vaincu, — car tout arrive — forcé de battre en retraite après de glorieux combats, il était forcé de passer sur le ventre d'une nouvelle Commune, d'écraser une insurrection à la solde de l'Étranger, pour fuir plus vite les canons prussiens ? Peu s'en est fallu, tu le sais, qu'il ne nous fît courir cette aventure ; et, sans Flourens, un choc terrible devenait inévitable. Qu'en serait-il sorti, étions-nous prêts, cette fois ? Avions-nous reconstitué l'approvisionnement de cartouches qu'on avait été obligé de détruire pour leur mauvaise qualité ? On a dit non. En tout cas, avec ces cœurs légers et ces têtes à l'évent, il faut s'attendre à tout.

Boulanger s'en défend, aujourd'hui. Le bon apôtre sait à merveille que tu n'as qu'un goût modéré pour l'horrible fracas des batailles. Je suis loin de t'en blâmer, car, en définitive, c'est toi qui reçois les coups et paies la casse.

Donc, le général a mis une sourdine à ses trompettes guerrières. Mais prends garde : si Boulanger risquait son panache, toi, tu risquerais tes chausses, ta culotte et le fils de ton père ! Eh bien, Auguste Vacquerie l'affirme : « La dictature a pour conséquence fatale la guerre. »

Est-ce à dire qu'il faille abandonner nos malheureuses provinces, si vaillantes, si dévouées à leur ancienne patrie ? Ce serait de l'ingratitude, le déshonneur du nom français. Ne me prête pas une telle pensée : pas un citoyen en France n'oserait l'avouer, et, s'il l'avait conçue, il l'enfouirait au plus profond de son cœur.

Mais, pourquoi nous précipiter, attendons l'occasion. Elle vient toujours au sage qui sait l'attendre et la saisir à propos. Un coup de tête, un emballement irréfléchi peut achever notre ruine, nous livrer à l'ennemi, qui nous guette et compte moins sur son courage que sur nos propres folies. Laissons le temps travailler pour nous. Déjà, nos vainqueurs fatiguent l'Europe de leurs rodomontades de goujats malappris. Qui sait si, un jour, nous ne délivrerons pas sans combattre nos provinces bien-aimées. Que faut-il pour cela ? Une armée nombreuse, vaillante et disciplinée. Nous l'avons. Une circonstance favorable et un homme d'État pour en profiter. Pourquoi ne les trouverions-nous pas? les Prussiens les ont bien trouvés. Quoi qu'il en soit, les phrases sonores, les fanfaronnades, et même la valeur du général, sont insuffisantes à me rassurer. Elles ne sauraient tenir lieu de la sagacité, de la prudence et du sang-froid qui lui font complétement défaut.

Tu conviendras, je pense, que Boulanger n'est pas un aussi grand général que Napoléon, qui, dans une seule bataille, écrasa la monarchie prussienne à Iéna ; ni un ministre, comme Colbert, qui fit rendre six milliards aux financiers de son temps, et mérita le nom glorieux de Père et de Justicier du peuple.

Mais il sera, paraît-il, un grand réformateur. Du moins, c'est lui qui le dit. J'ai déjà, en gros, apprécié à sa valeur cette prétention. Permets-moi d'ajouter une remarque curieuse et topique.

Depuis quand le général Boulanger est-il hanté de ses farouches accès de vertu ; depuis quand, juché sur son landau, entre le barnum Déroulède et le pitre Laguerre, traîné par deux coursiers aux cocardes fleuries, escorté de sa garde prétorienne, véritable Mengin jouant au César, annonce-t-il, *urbi et orbi,* qu'il est temps de nettoyer les écuries d'Augias ? Depuis que les généraux Logerot, Février, Bressonnet, de Gressot, de Franchessin et Thiéry, ses camarades et ses amis, à l'unanimité, l'ont reconnu coupable de fautes assez graves contre la discipline pour entraîner sa mise à la réforme ; depuis qu'à la suite de cette décision du conseil d'enquête M. Carnot l'a mis d'office à la retraite.

La veille, le *Figaro*, aujourd'hui boulangiste, écrivait par la plume de son rédacteur en chef, M. Francis Magnard : « C'est aujourd'hui que se réunit le conseil d'enquête. Si l'opinion avait le droit d'exercer une pression sur lui, elle demanderait, je crois, une mesure qui ferait du général Boulanger ce qu'il désire être, ce qu'on désire qu'il soit, un politicien. Il faut qu'il y ait des scandales dans le monde, dit l'Évangile, mais malheur à celui par qui le scandale arrive. »

Lorsqu'il était ministre de la guerre, le protégé de Clémenceau, le complice ou le complaisant du juif Cornélius Herz, le général trouvait que tout allait bien.

Il est possible que la République ait commis quelques fautes ; quel est le gouvernement auquel on n'en reprocha jamais ? Mais, en vérité, le général Boulanger est mal venu, quand il s'arroge un rôle qui a si peu réussi à Numa Gilly : est-il donc si pur qu'il accuse les autres ?

Mais je n'ai pas épuisé tous les titres par lesquels le brav' général se recommande à ton suffrage. Il s'engage encore à se montrer très tolérant sur tout ce qui touche à la religion. Cela lui sera d'autant plus facile qu'il n'en a aucune. Le Gouvernement en peut dire tout autant. Si le clergé se plaint de quelques rares vexations, affirmerais-tu qu'il est toujours ce qu'il doit être ? D'ailleurs, le plus souvent, ces vexations n'ont d'autre cause, d'autre origine, que des querelles de maire à curé, des rivalités d'influence. Certains maires sont un embarras pour les ministres, qui, dans la lutte ardente des partis, sans majorité fidèle, n'ont pas toujours l'autorité nécessaire pour réprimer leur zèle intempestif. Donne au Gouvernement une majorité solide, éclairée, raisonnable, et ces petits nuages se dissiperont sans retour.

La France est et veut rester catholique. Qu'elle envoie à la Chambre des députés qui respectent sa foi. Nous n'allons guère à la messe, mais nous voulons tout de même avoir nos églises et nos prêtres. C'est notre droit, et cela ne fait de tort à personne. Que les Juifs et les Francs-Maçons prétendent être représentés au Palais-Bourbon, je n'y trouve rien à reprendre ; mais, s'ils veulent me faire servir leurs haines, outrager nos croyances, je leur crie : halte-là ! liberté, tolérance pour tous ! Passons.

J'aborde une question vitale, qui t'intéresse tout spé-
cialement. Je vais trahir ton péché mignon : Boulanger
fera-t-il hausser le blé et le bétail ? Comment le ferait-il ? En
élevant les taxes qui défendent nos frontières ? Ote-toi cette
illusion, Boulanger n'affamera pas à ton profit les ouvriers. La
République a déjà fait tout ce qu'on pouvait faire raisonna-
blement. Et ces taxes, d'ailleurs, à qui profitent-elles ? Pas
aux petits cultivateurs, parbleu, tu le sais bien ; mais aux
agioteurs, aux Juifs, qui sont leurs pires ennemis.

En diminuant les impôts ? Ils sont lourds, c'est vrai,
et pèsent surtout sur la propriété. Sur quoi veux-tu qu'on les
mette, sur ceux qui n'ont rien ? Il faut subvenir aux besoins
de l'État, qui sont grands, légitimes, indiscutables. C'est
fâcheux, mais que veux-tu que le Gouvernement y fasse ?
Toute l'Europe en est là, grâce à la paix armée que nous
impose l'ambition de l'Allemagne.

Alors, il faut que l'agriculture succombe ? Non, mon
cher, il faut que l'agriculture se décide à quitter la routine
séculaire qui la ruine ; il faut qu'elle suive les nouvelles
méthodes, force le sol à lui donner, par la quantité de ses
produits, une compensation à l'avilissement des prix.

Depuis vingt ans, tout a marché : des chemins de fer,
des routes, des canaux, des voies maritimes, sans cesse
parcourues par de nombreux paquebots, ont rapproché
toutes les distances, fait pénétrer partout les produits du
monde entier, abaissé leur valeur devenue plus uniforme,
et contribué au bien-être général. Partout, d'ingénieuses
machines suppléent au travail individuel insuffisant, où

trop excessif dans ses prétentions. On a défriché dans les deux mondes d'immenses étendues restées incultes. Les découvertes de la mécanique et de la chimie ont profondément modifié les procédés agronomiques. Les grands propriétaires fonciers appliquent avec succès les nouvelles méthodes. Seule, la petite culture s'entête dans son immobilité.

Il faut réparer le temps perdu, marcher avec son époque, s'instruire de la science nouvelle, mettre à profit les résultats de l'expérience, et surtout proportionner son exploitation à son capital disponible. Faute de prendre cette sage précaution, beaucoup de petits cultivateurs végètent et courent à leur ruine.

A ce prix seulement, l'agriculture française luttera sans trop de désavantage contre la concurrence étrangère, qu'on ne peut empêcher d'une façon absolue sans réduire le peuple à la famine, fermer les ports du monde entier à nos produits, et causer les plus graves désastres.

A ce prix seulement, elle pourra tromper l'avidité des agioteurs, des brasseurs d'affaires, des gros manieurs d'argent, essaim de frelons malfaisants, toujours aux aguets pour s'emparer du miel amassé par les abeilles travailleuses.

Retiens ceci : sans l'effroyable drainage d'argent que la juiverie opère par des émissions insensées, des coups de Bourse qui sont de vrais coupe-gorge, des monopoles interdits par la loi, des majorations et un agiotage injustifiables, dont le chiffre s'élève à plusieurs milliards par an, la

France, malgré la guerre, malgré la crise agricole, serait encore riche et prospère.

Chirac, qui flétrit du nom de parasites les rois de la haute banque, l'affirme : « Sans ce parasitisme, la France de 1888 ne connaîtrait pas la misère, elle n'aurait pas un million d'étrangers à nourrir, et la paix serait universelle ! »

Est-ce Boulanger qui chassera les banquiers juifs, les vampires dont les terribles suçoirs aspirent, jusqu'à la dernière goutte, le sang du peuple ? Avec les miettes du festin ils en feront leur esclave. Ce sont eux qui le soutiennent.

Mais, diras-tu, on ne révolutionne pas en quelques jours les procédés de culture d'un grand pays ; cependant il faut que le petit cultivateur donne du pain à sa famille. J'en conviens. Je te ferai pourtant observer que la crise agricole ne date pas d'hier, que la plupart des propriétaires ont beaucoup diminué leurs fermages, que les petits cultivateurs ont été allégés dans une proportion qui atténue leurs souffrances, qu'enfin il est juste de reconnaître que nos grandes populations ouvrières sont autrement malheureuses que l'ouvrier du sol, qui, du moins, est assuré de sa subsistance.

Ce n'est pas le lieu de traiter à fond cette intéressante question. Ce que j'en ai dit m'autorise à conclure que les agriculteurs auraient tort de compter sur le général Boulanger pour améliorer leur situation. Il ignore le premier mot de leurs besoins, de leurs souffrances et des remèdes qu'on y pourrait apporter. Quel emploi fait-il de la popularité malsaine dont il jouit ? Il s'en sert pour jeter le trouble et l'inquiétude dans les affaires, au moment où va s'ouvrir l'Exposition universelle, pour faire le jeu des ennemis irréconciliables du Gouvernement légitime et diviser le pays. Jusqu'ici son influence a été néfaste. Prisonnier d'un parti qui a mis la France en coupes réglées et prévoit ses justes représailles, il n'a ni le pouvoir, ni la volonté, ni les aptitudes nécessaires pour nous rendre une prospérité que nous devons seulement attendre de nos efforts persévérants et de la bienveillante protection de la République. Déjà, la République a fait de grands travaux — on les lui reproche ! — pour favoriser l'agriculture, qui sera toujours la plus grande source des richesses du pays. Accorde-lui ton appui, soutiens-la de ton suffrage, et garde-toi de confier tes intérêts à des bandits, déjà gorgés de scandaleuses richesses, qui envient jusqu'à ta dernière dépouille.

Tu te souviens trop des courtes prospérités de l'Empire, et tu oublies de quel prix tu les as payées. Ce n'est pas la faute du gouvernement républicain si, aux territoires, aux milliards perdus, sont venues s'ajouter des nécessités impérieuses d'où dépend la sécurité de la patrie. Cette situation, tu la dois à la politique de l'Empire. La leçon a été dure, sachons la souffrir et en profiter.

Le grand remède que propose le général, la panacée, le seul, l'unique moyen qu'il ait trouvé pour assurer le bonheur universel, c'est la révision de la Constitution. C'est là son tremplin favori, et le Gouvernement a eu bien tort de l'imiter. Heureusement, le dernier mot n'en est pas dit : la Chambre hésite et le Sénat recule. Ce n'est pas encore cela qui mettra un chiffre de moins au budget.

Mais, que se propose donc M. Boulanger? Dans sa proclamation aux Parisiens, il l'a dit: il veut renverser le parlementarisme, repousse toute idée de dictature et réclame une Constituante. Tu vois la contradiction. Il faut choisir : ou le gouvernement sera parlementaire, ou il sera personnel, puisqu'on n'en connaît pas d'autre. Le général préconise le régime de la table rase — à condition de monter dessus.

Circonstance atténuante, cette révision, qui doit ramener l'âge d'or, ce n'est pas même le général qui l'a inventée. Il a ramassé par terre cet obus, destiné par la Gauche radicale et la Droite à faire sauter le ministère, et il essaie d'en frapper au cœur la République, ce qui fait dire à Paul de Cassagnac : « Que nous importe que Boulanger crie : Vive la République ! s'il la détruit en l'acclamant. »

Pleins d'espoir à la vue de ce soldat rebelle, les bonapartistes sont accourus lui faire leurs génuflexions. C'est dans leurs traditions : « Pourvu qu'il fasse un trou à la Gueuse, disent-ils, cela nous suffira ; nous passerons par la brèche, suivis de tous les nôtres. » Et c'est ainsi qu'au cri de : Révision ! une alliance fut jurée, avec la restriction judaïque qu'on pourrait se trahir, réciproquement. Des monarchistes, la rougeur au front, ont adhéré à cette immorale coalition, et le comte de Paris, lui-même, a donné au général un baiser de Judas.

Chaque parti, *in petto*, espère tirer son épingle du jeu. Mais, si Boulanger réussit à faire la fameuse trouée, la troupe budgétivore lâchera, sans hésiter, Philippe VII et

Victor. Ce sera à qui, le premier, saluera Boulanger consul, dictateur ou bien empereur. La farce jouée, les candides électeurs seront invités à passer à la caisse, — pas pour toucher ! et les journaux, tout à coup éclairés par des raisons sonnantes et trébuchantes, entonneront en chœur l'hymne de la délivrance.

M. Floquet, espérant dérouter l'ennemi et réchauffer les tièdes, a demandé, lui aussi, la révision. M. Saint-Genest a dit à ce sujet : « Que des ministres tels que MM. Floquet, de Freycinet, Goblet, se jettent dans une aussi terrible aventure ; qu'ils jouent sur un coup de dé la fortune de la France, cela ne semble pas véritablement croyable. »

M. Reinach de la *République Française* affirme que la révision de M. Floquet décapite à la fois la Présidence, le Sénat et la Chambre.

M. Ribot, aux applaudissements de la Gauche modérée, a dit à la tribune : « La révision est le mot d'ordre de tous les partis hostiles à la République. »

Et M. Francis Magnard, un réactionnaire de bon sens, s'exprime ainsi à propos du plan de révision du Président du Conseil : « C'est absurde et compliqué, mais l'ensemble du projet, qui ne sera jamais voté d'ailleurs, n'est pas si dangereux qu'il va être à la mode de le dire. »

Ce n'est pas la Constitution qu'il faut réviser, c'est la Chambre. Issue de la ridicule panique de 1885, elle succombe sous le poids de ses fautes et de son origine. La nation

plus calme saura, cette fois, choisir de plus dignes représentants.

Je me doute bien que le renversement de la République t'affecterai d'une façon très modérée ; je n'ignore pas
que, si le général t'inspire quelque intérêt, mitigé par
certaines appréhensions, c'est que tu espères qu'il te débar-
rassera d'un gouvernement qui te déplaît. Dans ma prochaine
lettre, je veux m'expliquer franchement, de cœur à cœur,
avec toi sur cette question majeure, où tu me sembles mal
engagé, où, de bonne foi, tu confonds les hommes avec
les choses, l'erreur et le principe.

En tout cas, le général affirme le plus pur républi-
canisme. Il est vrai que tu n'y crois pas, ce qui prouve que
tu n'es pas tout à fait dupe du personnage. Aussi, est-il temps
d'en finir avec cet agitateur, ce mauvais citoyen, qui déchire
sa patrie lorsqu'elle a tant besoin d'union et de repos.

Ainsi fit jadis Catilina.

Celui-ci avait une armée nombreuse, aguerrie, des
amis dévoués, fidèles jusqu'à la mort : la toge d'un avocat
anéantit tout. Cicéron se grandit à la hauteur du péril, et
trouva dans son patriotisme la force d'abattre le rebelle. Le
peuple romain lui décerna le beau titre de Père de la Patrie.

Que nous faut-il, à nous, pour confondre notre Catilina ?
un bulletin de vote, pas autre chose.

Toutefois, je préfère la méthode de Cicéron. A la place
du Président du Conseil, au lieu de grossir le funam-

bulesque cortège du Catilina moderne, au lieu d'employer mes hussards et mes gendarmes à rehausser la pompe triomphale de ses voyages, de ses moindres promenades, en vérité, je te l'affirme, j'aurais mis la main au collet de cet audacieux pantin, pour le conduire, sous bonne escorte, à la frontière, en l'avertissant qu'à la première tentative de retour, on tirerait dessus comme sur un bandit dangereux.

Maintenant, mon cher, si c'est ton goût, fais-toi boulangiste, mais n'accuse que toi de ce qui t'en arrivera. Cependant, avant de te décider, médite ces paroles d'un de tes coreligionnaires, M. le sénateur Buffet : « L'élection du général Boulanger à Paris, ce serait une catastrophe. Je fais des vœux pour qu'un pareil malheur soit épargné à mon pays. »

Rallie-toi plutôt franchement à la République, la seule formule sociale qui puisse, pacifiquement, malgré ses erreurs, donner satisfaction à tous les petits, qui forment l'immense majorité de la nation. C'est le conseil que je te donne.

A bientôt.

Vale.

L. DE LUCÉ.

Caen — *Typographie-Lithographie E. VALIN*

122